U0038823

— 了不起的小发明 —

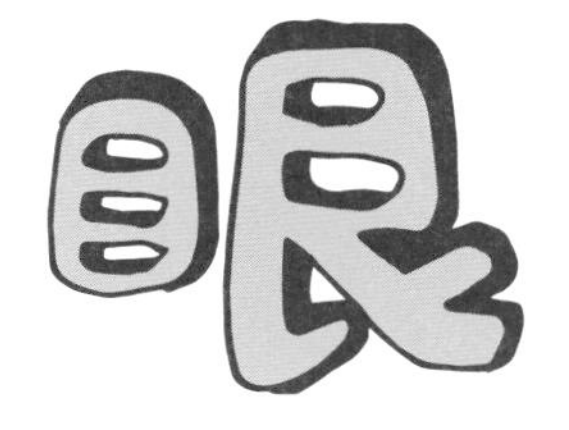

〔法〕拉斐尔·费伊特　著/绘
董翀翎　译

中国科学技术大学出版社

公元前1世纪，在眼镜诞生之前，传说罗马帝国的皇帝尼禄在观看角斗时，会在眼睛前放一块绿宝石，以便看得更清楚。

人们不确定这是否真的有用，因为没人敢质疑他。

同一时期的罗马哲学家塞内克发现，把一个装满水的透明球放在文字上面可以让自己看得更清楚。

大约在公元850年，柏柏尔人里超有智慧的阿拔斯·伊本·弗纳斯想到使用打磨好的宝石放大文字，它比水球的放大效果更好。世界上第一个放大镜就这样诞生了。

1268年，一位英国僧侣在阅读了阿拉伯科学家海什木的光学著作后，决定用玻璃制作一个放大镜。

之后，意大利物理学家萨尔维诺·德格利·阿尔马蒂想到了使用穆拉诺岛（威尼斯旁边的一座小岛）制作的穆拉诺玻璃来制作放大镜。因为这种玻璃品质更好，做出来的放大镜也更清楚。

不仅如此，他还想到用两个木制圆圈箍住镜片，并用钉子固定起来。这些“被钉住的放大镜”主要供医生、僧侣以及哲学家使用。

意大利僧侣亚历山德罗·德拉·斯皮纳决定大量生产这种眼镜，并在街头免费发放给有需求的老年人和穷人。

然而，这种眼镜只能给看不清近处的人使用。

于是，在1440年，聪明的“近视眼”们发明了可以矫正近视的“玻璃片儿”：近视的人终于可以看清楚远处的东西啦！

有人看见我的
眼镜了吗？

那个年代的眼镜没有眼镜腿，只能架在鼻梁上保持平衡。因为它很重，所以经常掉！

于是，人们用丝带把眼镜绑在头上。这种改良眼镜非常受欢迎。

1728年，英国配镜师爱德华・斯卡利特把丝带换成了紧贴鬓角的眼镜腿。

不过，这种眼镜腿有一个很大的缺点：它把鬓角夹得太紧，会导致严重的头痛。

有钱的资本家们则更喜欢另外一种手持眼镜：一对镜片连着一根小棍，使用时需要举着它。虽然这种眼镜不太方便，但是至少不会造成头痛。

在这个时期，眼镜是由铁匠制作或定制的。

然后由流动商贩拿去售卖。

在西班牙，越富有的人，戴的眼镜越大。

1752年，英国配镜师詹姆斯·艾斯库制造了第一副用深色玻璃制作的眼镜。不过，这一发明不是为了保护眼睛不受太阳光伤害：他只是天真地认为蓝色或绿色的玻璃可以改善视力！

40年后，法国钉子匠皮埃尔·亚森特·卡索想到了一个主意。他将制作钉子的金属条弯曲用来箍住镜片，并做了眼镜腿用来钩住耳朵。

这种非常轻便的眼镜获得了巨大的成功。因为那个时候还没有眼镜店，所以他在自己的店里制作眼镜，并在首饰店里售卖。

19世纪，英国的时尚人士更推崇单片眼镜，他们觉得这更有范儿。

在法国，有人更喜欢夹鼻眼镜，这种眼镜是用弹簧固定在鼻子上的。

自1950年起，人们开始使用塑料制作镜框。塑料镜框不仅成本低廉，而且还可以被塑成各种奇奇怪怪的形状，这是因为塑料是一种非常容易被塑形的材料。

于是很快，人们都戴上了眼镜，有些人是为了看得更清楚，而有些人则只是为了扮靓！

如今，各种各样的眼镜在世界各地售卖！

太阳镜

矫视眼镜

飞行员眼镜

潜水眼镜

那么你呢？你最喜欢的

眼镜

是什么样的呢？

现在你已经了解有关眼镜这项发明的
全部知识了！

不过你还记得我们讲过哪些内容吗？

让我们通过“记忆游戏”来检查自己
记住了多少吧！

记忆游戏

❶ 罗马皇帝尼禄用什么来使自己观看角斗更清楚?

绿宝石

❷ 第一副眼镜框是用什么材料制作的?

木头

❸ 第一副眼镜没有眼镜腿，是真的还是假的?

真的

❹ 有一根手持杆的眼镜叫什么?

手持眼镜

❺ 从前，人们可以在哪种店铺买到眼镜?

首饰店

❻ 自1950年起，人们开始使用哪种新材料来制作眼镜框?

塑料

安徽省版权局著作权合同登记号：第12201950号

图书在版编目（CIP）数据

了不起的小发明.眼镜/（法）拉斐尔·费伊特著绘；董翀翎译. —合肥：中国科学技术大学出版社，2020.8
ISBN 978-7-312-04939-2

Ⅰ.了… Ⅱ.①拉… ②董… Ⅲ.创造发明—世界—儿童读物 Ⅳ.N19-49

中国版本图书馆CIP数据核字（2020）第068262号

出版 中国科学技术大学出版社
安徽省合肥市金寨路96号，230026
http://press.ustc.edu.cn
https://zgkxjsdxcbs.tmall.com
印刷 鹤山雅图仕印刷有限公司
发行 中国科学技术大学出版社
经销 全国新华书店
开本 710 mm × 1000 mm 1/16
印张 2
字数 25千
版次 2020年8月第1版
印次 2020年8月第1次印刷
定价 28.00元